BEI GRIN MACHT SICH IHR WISSEN BEZAHLT

- Wir veröffentlichen Ihre Hausarbeit, Bachelor- und Masterarbeit
- Ihr eigenes eBook und Buch - weltweit in allen wichtigen Shops
- Verdienen Sie an jedem Verkauf

Jetzt bei www.GRIN.com hochladen und kostenlos publizieren

Bibliografische Information der Deutschen Nationalbibliothek:

Die Deutsche Bibliothek verzeichnet diese Publikation in der Deutschen Nationalbibliografie; detaillierte bibliografische Daten sind im Internet über http://dnb.d-nb.de/ abrufbar.

Dieses Werk sowie alle darin enthaltenen einzelnen Beiträge und Abbildungen sind urheberrechtlich geschützt. Jede Verwertung, die nicht ausdrücklich vom Urheberrechtsschutz zugelassen ist, bedarf der vorherigen Zustimmung des Verlages. Das gilt insbesondere für Vervielfältigungen, Bearbeitungen, Übersetzungen, Mikroverfilmungen, Auswertungen durch Datenbanken und für die Einspeicherung und Verarbeitung in elektronische Systeme. Alle Rechte, auch die des auszugsweisen Nachdrucks, der fotomechanischen Wiedergabe (einschließlich Mikrokopie) sowie der Auswertung durch Datenbanken oder ähnliche Einrichtungen, vorbehalten.

Impressum:

Copyright © 2018 GRIN Verlag
Druck und Bindung: Books on Demand GmbH, Norderstedt Germany
ISBN: 9783668825758

Dieses Buch bei GRIN:

https://www.grin.com/document/446753

Jan-Niklas Brüggemann

Berechnung und Funktionsbeschreibung eines doppelt-wirkenden Pneumatikzylinders

Unterrichtsentwurf für den Ausbildungsberuf des Mechatronikers

GRIN Verlag

GRIN - Your knowledge has value

Der GRIN Verlag publiziert seit 1998 wissenschaftliche Arbeiten von Studenten, Hochschullehrern und anderen Akademikern als eBook und gedrucktes Buch. Die Verlagswebsite www.grin.com ist die ideale Plattform zur Veröffentlichung von Hausarbeiten, Abschlussarbeiten, wissenschaftlichen Aufsätzen, Dissertationen und Fachbüchern.

Besuchen Sie uns im Internet:

http://www.grin.com/

http://www.facebook.com/grincom

http://www.twitter.com/grin_com

Berechnung und Funktionsbeschreibung eines doppeltwirkenden Pneumatikzylinders.

Prüfungsleistung

Name:	Jan-Niklas Brüggemann
Einrichtung:	Fachhochschule Münster Institut für Berufliche Lehrerbildung

Studiengang:	Bachelor-Berufskolleg
Modul:	Fachdidaktik
Seminar:	Technikdidaktik I: Lernen und Lehren in der Elektro-, Informations- und Maschinenbautechnik
Vorgelegt am:	26.02.2018

Inhaltsverzeichnis

1. Einleitung

Für den zu realisierenden Unterrichtsentwurf hat sich der Autor der hier vorliegenden Arbeit den Ausbildungsberuf des Mechatronikers ausgesucht. Mechatroniker sind Metallfachkräfte und Elektrofachkräfte in einem. Die Ausbildung dauert in der Regel 3,5 Jahre und ist so gestaltet, dass sie selbstständig an mechanischen und elektrotechnischen Anlagen arbeiten dürfen. Ebenso sind die Grundlagen der Pneumatik, Hydraulik und der Steuerungstechnik notwendig. Die Ausbildung kann, wenn möglich auf drei Jahre verkürzt werden. Mechatroniker können vielseitig eingesetzt werden. Zum Beispiel für die Wartung, Inbetriebnahme oder Montage von mechatronischen Systemen. Diese Tätigkeiten werden an unterschiedlichen Arbeitsorten durchgeführt. Da das Ausbildungsspektrum breit gefächert ist, können unterschiedliche Schwerpunkte gesetzt werden. Beispielsweise werden in manchen Unternehmen die Schwerpunkte am Elektroniker orientiert. Der Grund dafür ist die unterschiedliche Spezialisierung in den Betrieben. Dies kann zum einen die elektronische aber auch die mechanische Instandhaltung sein. Die Einsatzgebiete der Mechatroniker sind ganz verschieden. Von Automobilbau bis Stahlindustrie über Elektroindustrie ist alles möglich. Die Ausbildungsvergütung der verschiedenen Lehrjahre liegt zwischen 830 – 1120€ Brutto. Das Einstiegsgehalt liegt bei durchschnittlich 2000 – 2500€.[1]

Der Beruf Mechatroniker gibt es seit 1998. 2011 wurde die gestreckte Abschlussprüfung eingeführt. Das bedeutet, dass die damalige Zwischenprüfung in gewissem Maß in die Endnote der Abschlussprüfung mit einfließt.[2] Als Mechatroniker sollte man bestimmte Eigenschaften mitbringen. Dazu gehören Spaß an den auszuführenden Tätigkeiten, Gewissenhaftigkeit, Englischkenntnisse, logisches Denken, Reisebereitschaft für anstehende Montagen und Teamarbeit.

Die Ausbildung ist inhaltlich festgelegt in Ausbildungsordnung und Rahmenlehrplan. Die Ausbildungsordnung enthält Vorgaben zum betrieblichen Ausbildungsplan. Die Inhalte des Rahmenlehrplanes werden durch die Kultusministerkonferenz festgelegt und mit den Inhalten des betrieblichen Ausbildungsplans abgeglichen. Anschließend werden auf Basis der Rahmenlehrpläne länderspezifische Lehrpläne für den Ausbildungsberuf verfasst.

Der Mechatroniker ist zwar ein Beruf, der hauptsächlich in der Industrie ausgeübt wird, nichts desto trotz gibt es ihn aber auch im Handwerk. Der Großteil der Auszubildenden hat zu Beginn der Ausbildung den Realschulabschluss. Dem gefolgt ist der Hochschulabschluss. Nur wenige Auszubildende haben den Hauptschulabschluss oder gar keinen Schulabschluss.[3]

---

[1] https://www.ausbildung.de/berufe/mechatroniker/ abgerufen am 22.02.2018 um 14:00.
[2] http://www.abschlusspruefung.de/abschlusspruefung-mechatroniker/ abgerufen am 22.02.2018 um 14:05.
[3] https://berufenet.arbeitsagentur.de/berufenet/bkb/2868.pdf abgerufen am 22.02.2018 um 14:10.

2. Fachwissenschaftliche Analyse

2.1 Auswahl des Fachinhalts

Seit den 1950er Jahren gewinnen automatisierte Steuerungen immer mehr an Wert. Besonders pneumatische Steuerungen sind heutzutage aus der Automatisierung nicht mehr weg zu denken. Daher ist die Erstellung, Wartung, Berechnung und Auslegung für Mechatroniker oder auch für andere Berufe wie Industriemechaniker von großer Bedeutung.

Im Lernfeld sieben „Realisieren mechatronischer Teilsysteme“[4] erhalten die Auszubildenden des 2. Lehrjahres einen Einblick in Strukturen, Systemen und Teilsystemen der Mechatronik. Dazu gehören auch pneumatische Komponenten. Im Folgenden werden die Grundlagen eines Pneumatikzylinders fachwissenschaftlich aufgearbeitet.

2.2 Berechnung und Funktionsgrundlage eines doppeltwirkenden Pneumatikzylinders.

Einen Grundbestandteil automatisierter pneumatischer Steuerungen stellt der Pneumatikzylinder da. Der Zylinder macht sich die physikalische Wechselwirkung zwischen Druck, einer Fläche und der senkrecht auf die Fläche wirkenden Kraft zunutze und ist somit ein Arbeitsglied.

Mathematisch: Druck p = $\frac{F}{A}$

Pa, „Pascal“ = 1 N/m2

1 bar = 100.000 Pascal

Das Wirkungsprinzip und der Grundaufbau eines Pneumatikzylinders sind immer gleich. Er besteht aus Zylinderrohr, Boden- und Lagerdeckeln, Dichtungen, Kolbenstange und Kolben. Boden und Deckel sind luftdicht mit dem Zylinderrohr verbunden. Die Kolbenstange und der Kolben befinden sich im inneren des Pneumatikzylinders. Diese sind miteinander fest verbunden und lassen sich axial entlang des Zylinderrohres verschieben. Die Kolbenstange wird durch ein Loch im Lagerdeckel axial geführt. Diese Führung ist ebenfalls luftdicht. Die beiden nun entstehenden Kammern im Zylinder werden mit einer Dichtung luftdicht von einander abgetrennt. Jede dieser Kammern hat einen Anschluss, an dem die Luftversorgung angeschlossen werden kann.[5]

[4] http://www.ab.tu-berlin.de/fileadmin/ref22/Downloads/AO-Rahmenlehrpl%C3%A4ne/Rahmenlehrplan_METR.pdf abgerufen am 22.02.2018 um 15:00Uhr.
[5] vgl. Dobler, H., Fachkunde, 2003, S. 448f.

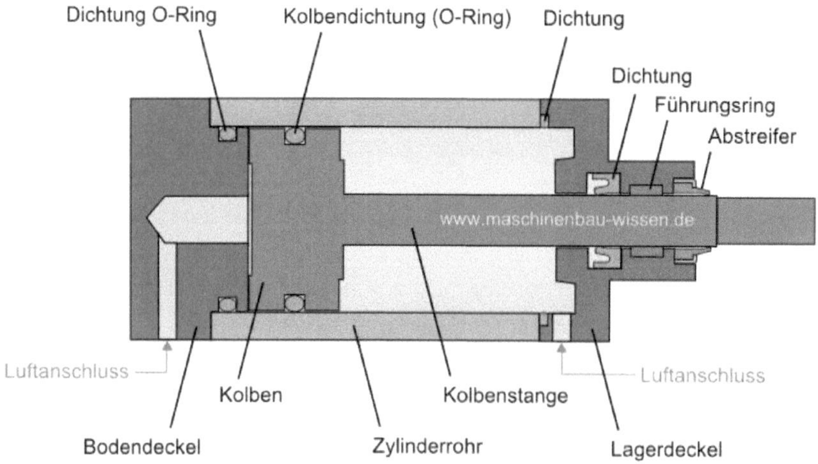

6

Wenn nun Luft in eine der beiden Zylinderkammern gelangt wird entweder die Kreisfläche des Kolbens, oder die Kreisringfläche des Kolbens mit einem bestimmten Druck beaufschlagt. Dieser Druck führt nun zu einem aus- oder einfahren der Kolbenstange mit einer definierten Kraft. Die Luft in der gegenüberliegenden Kammer wird durch die Bewegung verdrängt und kann durch den nicht mit Druck beaufschlagten Luftanschluss ungehindert entweichen. Damit ergibt sich aus der physikalischen Grundgleichung $p = \frac{F}{A}$ die umgestellte Gleichung F = p * A.[7]

Diese standartmäßige Bauform besitzt zwei Besonderheiten. Zum einen sind die Verfahrgeschwindigkeiten beim Einfahren höher, da die Kolbenstangenseite ein kleineres Kammervolumen aufweist als die Kammer ohne Kolbenstange. Zum anderen ist die Schubkraft F bei gleichem Druck aufgrund der größeren Kolbenfläche (F = p * A) beim Ausfahren größer.

---

[6] http://www.maschinenbau-wissen.de/skript3/fluidtechnik/pneumatik/257-pneumatikzylinder-arten abgerufen am 22.02.2018 um 15:10Uhr.

[7] vgl. Biel, O., Metalltechnik, 2004, S. 258.

3. Didaktische Analyse

3.1 Bedingungsanalyse

Das zweite Lehrjahr einer Berufsschulklasse der Mechatroniker ist größtenteils heterogen in Bezug auf Herkunft, Bildungsstand und Sozialisation. Diese Heterogenität der Schülerinnen und Schüler durch methodische Vielfalt, sowie breite Medien- und Materialwahl zu berücksichtigen. Dieser Umstand führt häufig zu mangelnder Förderung der einzelnen Schüler. Oft sind leistungsstarke Schüler unterfordert und leistungsschwache Schüler überfordert. Um diese Schüler im Unterricht nicht komplett voneinander zu trennen, wäre es möglich, durch Partner und Gruppenarbeit die leistungsschwachen Schüler durch leistungsstarke Schüler zu unterstützen.

3.2 Exemplarische Bedeutung

Durch die Funktionsweise von Pneumatikzylindern lassen sich die physikalische Größen Druck und Kraft sehr gut veranschaulichen. Der in der Regel konstante Druck führt zu einer weiteren Vereinfachung der physikalischen Grundformel und der einfache Aufbau von Pneumatikzylindern macht es den Schülern verhältnismäßig leicht, die Grundlagen des physikalischen Kräftebegriffes und den physikalischen Zusammenhang zwischen Druck, Kraft und Fläche zu verstehen. Das Übertragen auf relativ verwandte Inhalte in der Hydraulik erleichtert das Wissen über die Funktionsprinzipien von verschiedenen Bauteilen in diesem Bereich.

3.3 Gegenwartsbedeutung

Mechatroniker im 2. Lehrjahr werden währen ihrer Ausbildung im Lernfeld sieben das erste Mal am Berufskolleg mit steuerungstechnischen Automatisierungsprozessen konfrontiert. Inwiefern sie bereits mit dem Thema in Berührung gekommen sind, ist dabei vor allem vom Ausbildungsbetrieb abhängig. Zwar sind die Inhalte als Teil der Zwischenprüfung verpflichtend, jedoch kann es grade bei kleinen Ausbildungsbetrieben bei dieser Thematik mangeln. In der Regel sind die Fachinhalte ein ziemlich neues Feld für die Schülerinnen und Schüler.

3.4 Zukunftsbedeutung

Da die immer weiter fortschreitenden Automatisierungsprozesse in der Industrie besonders Kenntnisse der Pneumatik erfordert, muss den Inhalten pneumatischer Systeme, insbesondere den Kerninhalten wie im hier vorliegenden Fall, hohe Bedeutung für die berufliche Zukunft der Auszubildenden zugeschrieben werden. Die Wahrscheinlichkeit, in Zukunft beruflich mit pneumatischen Systemen konfrontiert zu werden, ist sehr hoch. Gerade auch, weil pneumatische Systeme sehr flexibel sind und das Arbeitsmedium immer verfügbar ist.

3.5 Sachstruktur

Das am häufigsten verwendete Arbeitsglied pneumatischer Systeme ist der Pneumatikzylinder. Neben dem Verständnis des Grundaufbaus des Zylinders und im Hinblick auf dessen Funktion müssen die Schülerinnen und Schüler auch die Grundlagen des physikalischen Druckes verstehen. Da es um eine thematische Einführung in ein Standardbauelement der Pneumatik geht, sind diese Inhalte äußerst wichtig für die Schülerinnen und Schüler. Auf einer ersten inhaltlichen Stufe müssen die physikalischen Zusammenhänge des Druckbegriffes eingeführt werden. Eine zweite inhaltliche Ebene behandelt den Aufbau des Zylinders und seine mechanischen Einzelteile an sich. Auf einer dritten inhaltlichen Ebene werden die physikalischen Größen Druck und Kraft erläutert, auf die Bauteile des Zylinders und ihre Geometrie bezogen und durch die Wechselwirkungen dieser Größen untereinander die Funktion des Zylinders erklärt. Die genannten Ebenen sind hierbei als Teillernziele auszulegen. Eine erfolgreiche Aufarbeitung der Inhalte im Zusammenspiel leistungsstärkerer und leistungsschwächerer Schüler kann als vorrangiges soziales Lernziel definiert werden.

3.6 Didaktische Reduktion

Um die Schülerinnen und Schüler mit dieser Unterrichtseinheit nicht zu überfordern, ist es wichtig den gesamten Lerninhalt zu vereinfachen. Bei dieser Handlungsorientierten Aufgabe wird mit der vereinfachten Druckformel $p = \frac{F}{A}$ gearbeitet. Des Weiteren werden Wirkungsgrade und Reibungsverluste bei den folgenden Aufgabenstellungen vernachlässigt. Ebenfalls wird das komplette Pneumatiksystem in kleinere Teilsysteme zerlegt. Diese werden dann Bauteil für Bauteil kleinschrittig erklärt und mit den Schülerinnen und Schülern besprochen.

4. Handlung benennen

Da sich das Thema dieser Arbeit auf die Berechnungsgrundlagen und auf die Funktionsbeschreibung eines Pneumatikzylinders beschränkt, wird vom Autor angenommen, dass die verschiedenen Begriffe und Grundlagen der Pneumatik und auch die unterschiedlichen Schaltzeichen der verschiedenen Bauteile in der vorherigen Unterrichtsstunde erklärt und von den Schülerinnen und Schülern verstanden wurden. Zu Beginn des Unterrichts sollen diese ihnen bekannte Beispiele, in denen ein Pneumatikzylinder oder auch ein Hydraulikzylinder Anwendung findet nennen und Aussagen zu ihrer Funktion machen. Im Falle fehlender, oder mangelnder Wortmeldungen kann mit eigenen Abbildungen (z.B. von einem Bagger oder auch einem Traktor mit Frontlader) ein Gedankenanstoß gegeben werden. Da sich hydraulische und pneumatische Zylinder im Hinblick auf Aufbau und Funktionsweise im Wesentlichen nicht unterscheiden und da die thematisierten physikalischen Zusammenhänge identisch sind, muss hier nicht auf Kosten möglicher Gegenwartszusammenhänge auf ausschließlich pneumatische Zylinder bestanden werden.

Dem folgt ein Experiment mit Lego-Technik Pneumatikzylindern. Der Zylinder ist mit einer Handpumpe versehen, dessen Anschluss direkt an beide Anschlüsse des Pneumatikzylinders gekoppelt ist. Vor der Durchführung des Experiments werden die Erwartungen der Schüler per Strichliste an der Tafel gesammelt. Die Schüler sollen sich für eine der drei Möglichkeiten entscheiden (fährt ein, fährt aus, keine Stangenbewegung), und nach der Wahl ihre Entscheidung kurz begründen.

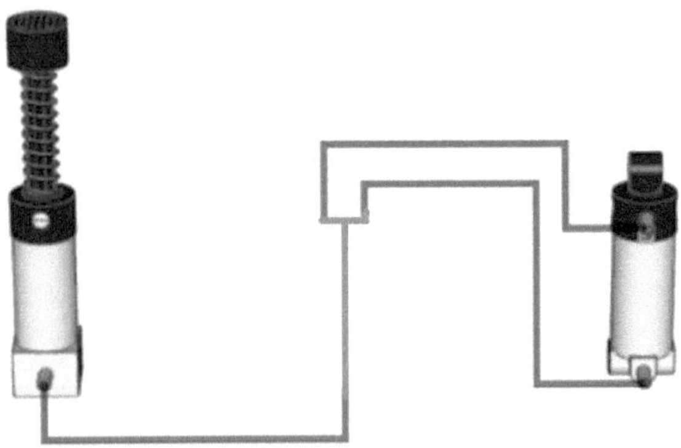

[8]

8 https://books.google.de/books?id=6z4kDwAAQBAJ&pg=PA122&lpg=PA122&dq=lego+pneumatik+zylinder+gleicher+druck+ausfahren&source=bl&ots=eTpXR5xomY&sig=8_ge0Qoy0xBvHc4SsGUfSUwiLpM&hl=de&sa=X&ved=0ahUKEwiOrNeHuLnZAhVLY1AKHcZQCGQQ6AEIMjAB#v=onepage&q=lego%20pneumatik%20zylinder%20gleicher%20druck%20ausfahren&f=false abgerufen am 22.02.2018 um 15:15Uhr, bearbeitet von Jan-Niklas Brüggemann.

Wenn man nun die Handpumpe betätigt herrscht in beiden Zylinderkammern der Gleiche Druck und trotzdem fährt der Zylinder aus. Nun zeigt sich zu ersten Mal in der Praxis die Besonderheit des Zusammenspiels von Druck und den unterschiedlich großen Flächen in den Zylindern. Die Schülerinnen und Schüler müssen sich nun den inneren Aufbau dieses Zylinders (welcher schon in der vorherigen Stunde besprochen wurde) denken. Dieses Beispiel soll ihnen dabei helfen, die Konstruktionsvariante der Anwendung an der handlungsorientierten Aufgabe besser nachzuvollziehen. An dieser Stelle ist nun in Bezug auf die Bauteile die Formel $p = F / A$ einzuführen. Ebenfalls sollen die physikalischen Größen in einem transparenten Zylindermodell bzw. falls ein solches Modell nicht vorhanden ist, einer Schnittzeichnung eines Pneumatikzylinders verortet werden. Im Falle, dass der Klassenraum eine Dokumentenkamera aufweist, kann die Lehrperson für eine bessere Sicht auf die Zylindermodelle diese mit einem Beamer an eine Wand strahlen. Falls dieses nicht der Fall ist, können die Modelle auch durch die Reihen gegeben werden.

[9]

Im nächsten Schritt erfolgt die Einbindung in die handlungsbezogene Problemstellung. Um sicherzustellen, dass die Schülerinnen und Schüler die ausgeteilte Abbildung auf Arbeitsblatt 1 (Anhang 1) wirklich verstanden haben, kann die Lehrperson mit gezielten Fragen zu Aufgabe und Funktion des Pneumatikzylinders überprüfen. Dazu gehört auch der innere Aufbau eines Pneumatikzylinders. Um einen guten und leicht zu begreifenden Einstieg in das Thema zu gewährleisten ist der inhaltlichen Vertiefung eine handlungsorientierte Aufgabe voranzustellen. Im hier ausgewählten Fall soll das Zusammenspiel und die Zusammenhänge von Druck, Fläche und Kraft dargestellt werden. Um die Handlungsorientierung zu gewährleisten wird eine CNC Fräsmaschine betrachtet. Für die Unterstützung der Aufwärtsbewegung der

[9] https://goo.gl/images/v6bwPt abgerufen am 22.02.2018 um 15:30Uhr.

Vertikalachse werden zwei Pneumatikzylinder verwendet. Hierbei ist die Einfahrbewegung der Zylinder der Arbeitsgang. Das bedeutet, dass die Zylinder nicht wie üblich eingesetzt werden, da der typische Arbeitsgang die Ausfahrbewegung darstellt. Um die Zugänglichkeit zu dieser Problemstellung zu gewährleisten liegen Bilder des Aufbaus und der CNC Fräsmaschine aus verschiedenen Perspektiven vor (Anhang 1). Im Zuge der Gegenüberstellung der errechneten Kräfte sollen die Schüler die Grundlagen der Addition und Subtraktion von Kräften wiederholen und den Umgang mit den Einheiten und Größen der Druckgleichung lernen. Indem das Praxisbeispiel durch die Einführung einer Masse, welche die beiden Zylinder heben müssen konkretisiert wird, müssen die Schüler auch die Einheit Kilogramm in die Einheit Newton überführen. Dieses gewährleistet ebenfalls das Anwenden der unterschiedlichen Größen. Die exakten Aufgabenstellungen der verschiedenen Übungen finden Sie in Anhang 2.

Diese Aufgaben lassen sich beliebig erweitern, sodass bei nichtverstehen noch weitere Aufgaben herangezogen werden können. Ebenfalls ist es denkbar, Aufgaben aus anderen Fachbereichen heranzuziehen. Es wäre beispielsweise möglich, die Steuerung der Pneumatikzylinder im Fachbereich Elektrotechnik zu realisieren.

5. Kurze Erläuterungen zu den Aufgabenstellungen

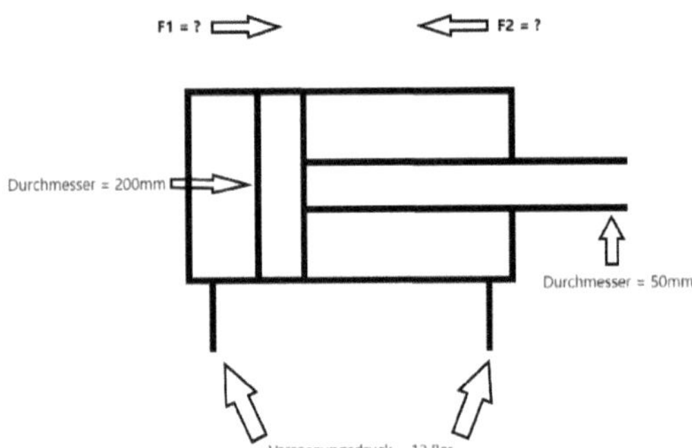

Beim Berechnen der Kräfte F1 und F2 kann nun neben der Einheitsumrechnung (1 bar= 100.000 Pascal) auch auf die Grundlagen der Kräfteberechnung und Verrechnung eingegangen werden. Die Berechnung der Kräfte des Zylinders sollen die Schüler selbst durchführen, nachdem die Aufgabenstellung mit obigen Bildern nachvollzogen wurde. Die handlungsorientierte Problemstellung wird nun durch die Einführung der anzuhebenden Masse m = 4500 kg erweitert. Hier wird zunächst der Kraftbegriff durch die Formel „F = m * g" näher erläutert. danach sollen die Schülerinnen und Schüler selbstständig in Partnerarbeit überprüfen, ob die Zylinder die anzuhebende Masse auch wirklich anheben. Da die Zylinder im vorliegenden Fall eine größere Masse anheben können, soll berechnet werden, auf welchen Druck die Hydraulikanlage abgesenkt werden kann, oder auf welche Größe der Pneumatikzylinder reduziert werden darf. Bei allen Aufgaben ist die Lehrperson der Ansprechpartner bei Fragen und gibt gegebenenfalls unterstützende Hilfestellung, damit die Selbsterschließung gelingen kann. Wenn es Probleme geben sollte die notwendigen Formeln herzuleiten, oder umzustellen, dann wird durch die Lehrperson ebenfalls Hilfestellung geleistet.

6. Literaturverzeichnis

Fachliteratur

Biel, Oliver/ Hengesbach, Klaus/ Lehberger, Jürgen/ Pyzalla, Georg/ Quadflieg, Walter/ Schilke, Werner/ Schnitzler, Stefan/ Stahlschmidt, Holger/ Vennen, Bert: Lernfelder Metalltechnik – Grundwissen (2004). 2.Aufl., Troidorf

Dobler, Hans-Dieter/ Heinzler, Max/ Doll, Werner/ Ignatowitz, Eckhard/ Fischer, Ulrich/ Vetter, Reinhard/ Günter, Werner.: Fachkunde Metall (2003). 54. Aufl., Haan-Gruiten

Internetrecherche

https://www.ausbildung.de/berufe/mechatroniker/ abgerufen am 22.02.2018 um 14:00.

http://www.abschlusspruefung.de/abschlusspruefung-mechatroniker/ abgerufen am 22.02.2018 um 14:05.

https://berufenet.arbeitsagentur.de/berufenet/bkb/2868.pdf abgerufen am 22.02.2018 um 14:10.

http://www.ab.tu-berlin.de/fileadmin/ref22/Downloads/AO-Rahmenlehrpl%C3%A4ne/Rahmenlehrplan_METR.pdf abgerufen am 22.02.2018 um 15:00Uhr.

7. Abbildungsverzeichnis

Abbildung 1 ist von der Internetseite http://www.maschinenbau-wissen.de/skript3/fluidtechnik/pneumatik/257-pneumatikzylinder-arten abgerufen am 22.02.2018 um 15:10Uhr.

Abbildung 2 ist von der Internetseite www.google.books.de, Kmiec, P., Das inoffizielle Lego Buch, S.122, bearbeitet von Jan-Niklas Brüggemann mit dem Programm Paint 3d von Windows. Internetseite abgerufen am 22.02.2018 um 15.15Uhr.

Abbildung 3 ist von der Internetseite https://goo.gl/images/v6bwPt abgerufen am 22.02.2018 um 15.30Uhr.

Abbildung 4 ist selbst erstellt mit dem Programm Paint 3D von Windows.

Abbildung 5 und 6 sind von der Internetseite http://axa-maschinenbau.de/index.php/produkte-de/portalbearbeitungszentren/upfz abgerufen am 22.02.2018 um 15.35Uhr.

8. Anhang

8.1 Abbildungen der CNC Fräsmaschine

8.2 Arbeitsblätter mit den dazugehörigen Lösungen.

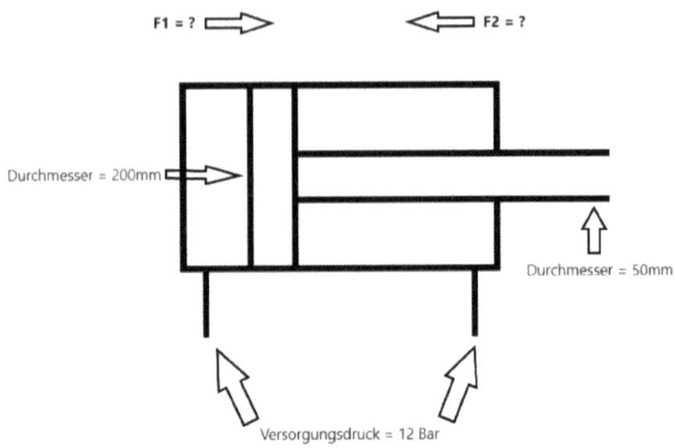

1. Bitte berechnen Sie die Kolbenfläche und die Kolbenringfläche des oben dargestellten Pneumatikzylinders.

Lösung: $A = \frac{\pi * d^2}{4}$

Kolbenfläche: $A = \frac{\pi * 0{,}2m^2}{4}$= <u>0,0314m²</u>

Kolbenringfläche = Kolbenfläche – Kolbenstangenfläche =

$A = \frac{\pi * 0{,}2m^2}{4} - A = \frac{\pi * 0{,}05m^2}{4}$ = 0,0314m² - 0,002m² = <u>0,0294m²</u>

2. Bitte rechnen Sie den Druck 10 Bar in die Einheit Pascal um.

Lösung: 1bar = 100000Pascal => 12bar = <u>1000000Pascal</u>

3. Bitte berechnen Sie die Kräfte F1 und F2. Benutzen Sie dabei Ihre Ergebnisse aus den Aufgaben 1 und 2

   Lösung: $p = \frac{F}{A}$ => F = p * A

   F1 = 1000000Pa * 0,0314m² = <u>31400N</u>

   F2 = 1000000Pa * 0,0294m² = <u>29400N</u>

4. Bitte rechnen Sie Ihre Ergebnisse aus Aufgabe 3 in die Gewichtskraft Kilogramm um.

   Lösung: F = m * g => m = $\frac{F}{g}$

   Gewichtskraft für F1 = $\frac{31400\ N}{9{,}81\frac{m}{s^2}}$ = <u>3200,82Kg</u>

   Gewichtskraft für F2 = $\frac{29400\ N}{9{,}81\frac{m}{s^2}}$ = <u>2996,94Kg</u>

5. Können die beiden Pneumatikzylinder die anzuhebende Masse von 4500Kg wirklich anheben?

   Lösung: 2 * Gewichtskraft für F2 = 2* 2996,94Kg = <u>5993,88Kg</u> =>

   Die Pneumatikzylinder können die erforderliche Gewichtskraft aufbringen.

6. Auf welchen Druck kann das System abgesenkt werden?

   Lösung: F = m * g; $p = \frac{F}{A}$ => F = p * A

   Notwendige Gewichtskraft für einen Zylinder: 4500Kg / 2 = <u>2250Kg</u>

   Die erforderliche Gewichtskraft in Newton umrechnen:

   F = m * g => F = 2250 Kg * 9,81$\frac{m}{s^2}$ = <u>22072,5N</u>

   Diesen Wert nun in die Druckformel einsetzen und den erforderlichen Druck errechnen und in die Einheit bar umrechnen.

   $p = \frac{22072{,}5N}{0{,}0294m^2}$ = 750765,31Pa => 750765,31Pa / 100000Pa = <u>7,5077bar.</u>

7. Wenn der Anlagendruck aufgrund anderer pneumatischer Bauteile nicht unter Zehn Bar abgesenkt werden darf, können die Zylinder einen kleineren Durchmesser haben. Auf welchen Durchmesser können Sie die Zylinder verkleinern?

Lösung: $p = \frac{F}{A}$ => A = $\frac{F}{p}$ => $\frac{22072{,}5N}{1000000Pa}$ = <u>0,0221m²</u>

Nun muss mit der Formel für den Flächeninhalt des Kreises der Durchmesser errechnet werden.

$A = \frac{\pi * d^2}{4}$ => d = Wurzel aus $\frac{A*4}{\pi}$ = 0,1677m = <u>168mm.</u>

BEI GRIN MACHT SICH IHR WISSEN BEZAHLT

- Wir veröffentlichen Ihre Hausarbeit, Bachelor- und Masterarbeit
- Ihr eigenes eBook und Buch - weltweit in allen wichtigen Shops
- Verdienen Sie an jedem Verkauf

Jetzt bei www.GRIN.com hochladen und kostenlos publizieren

GRIN